FASHION
ILLUSTRATION

高级定制礼服手绘
Contemporary Haute Couture

［越］厄里斯·陈（Eris Tran）——著　　付云伍——译

广西师范大学出版社　images
·桂林·　　Publishing

图书在版编目（CIP）数据

高级定制礼服手绘 /（越）厄里斯·陈 (Eris Tran) 著；付云伍译 . —桂林：广西师范大学出版社，2019.11
ISBN 978-7-5598-1982-6

Ⅰ . ①高… Ⅱ . ①厄… ②付… Ⅲ . ①服装设计 – 绘画技法Ⅳ . ① TS941.28

中国版本图书馆 CIP 数据核字 (2019) 第 148472 号

出 品 人：刘广汉
责任编辑：肖　莉
助理编辑：孙世阳
装帧设计：六　元

广西师范大学出版社出版发行

（广西桂林市五里店路 9 号　　邮政编码：541004）
（网址：http://www.bbtpress.com）

出版人：张艺兵
全国新华书店经销
销售热线：021-65200318　021-31260822-898
恒美印务（广州）有限公司印刷
（广州市南沙区环市大道南路 334 号　邮政编码：511458）
开本：787mm×1 092mm　　1/16
印张：14.5　　　　　　字数：232 千字
2019 年 11 月第 1 版　　2019 年 11 月第 1 次印刷
定价：128.00 元

PREFACE

序

我的梦想!

我对时装插画的热情就像一场梦幻之旅,在这里,我将为你讲述我的故事!

当我和正在准备婚礼的妹妹来到一家婚纱店时,这些婚纱光彩照人的细节、柔美的蕾丝花边以及妹妹试穿时溢于言表的喜悦之情令我如痴如醉,惊叹不已,那美丽的场景让我终生难忘。由于我从高中时期就十分喜爱绘画,所以当时内心深处便产生了画出这一场景的冲动,希望将这一难忘的时刻保存下来。画完第一幅作品后,我又期望能画出更多的插画,尤其是这些闪亮、迷人的礼服。我的激情就是从那个时候开始迸发的。

在那时,我一直梦想着成为一位有影响力的插画师,并努力使自己的梦想成真。这也许是一条布满荆棘的崎岖之路,但是我认为凭借自己的信念和努力一定会成功。"如果没有伟大的梦想,我们将无法思考未来"——我每天醒来,都会用这句话提醒自己。

高级定制礼服的设计总是最为精致、华丽,其背后蕴藏着伟大的灵感,这样的礼服也是每一位时尚界女性的梦想。每一件礼服都有一个故事,当人们穿上这些礼服,尤其是制作费时、细节复杂、光彩照人的高级定制礼服时,她们就会摇身一变成为尊贵的女王或者浪漫的公主。这些礼服像女人一样美丽,是我创作插画的灵感之源。

本书展示了我在时尚领域进行自学和培训的四年时间里所创作的最喜爱的作品,它们代表了我对时装插画的观点,并有助于这种独特艺术形式的建立。书中的每一幅插画都讲述了一个故事,展示了激动人心的设计细节和构思。我希望它们能激发更多的初学者和时装爱好者将手绘艺术作为工具,创作出充满动感活力的原创作品。

厄里斯·陈（Eris Tran）

CONTENTS

目　录

"对我来说，本书的创作犹如一场梦境。书中的一切都超出了我多年前的想象。我还记得，当年站在家乡的一家书店前面的想法：我不仅要成为一名著书的作家，还要创造属于自己的时尚之梦。"

厄里斯·陈（*Eris Tran*）

厄里斯·陈是一位时尚插画师，在 Instagram 上拥有数十万粉丝。他精巧的素描技艺和艺术构思，以及引人入胜的插画作品展现了传统礼服的前卫设计方法。

他们每一幅绘画都从多维的角度展现了他对插画的概念化能力，包括变化多样的色彩搭配、真实渲染的纹理和丰富的层次。

他的艺术作品已经引起了媒体的关注，吸引了很多知名的时尚公司和客户与其合作，其中包括阿尔伯塔·费雷蒂（Alberta Ferretti）、Ralph & Russo、祖海·慕拉（Zuhair Murad）和玛切萨（Marchesa）等品牌。他的作品也经常出现于一些著名时尚精品店的 Instagram 页面上，例如 N°21、Roberto Cavalli、Moschino、Paolo Sebastian、Tony Ward、Michael Cinco 等。

此外，他的艺术作品和插画也出现在很多书籍和杂志中，包括 *Elle*、*L'Officiel*、*BASIC*，以及 *The Alchemist* 和 *Borealis* 等。

阿尔伯特 - 菲尔蒂（*Alberta Ferretti*）

2016 年秋季成衣

这件礼服来自阿尔伯特 - 菲尔蒂（Alberta Ferretti）2016 年秋季成衣精品系列。皮草和羽毛相结合的方式令人赞不绝口，模特在薄纱面料透明效果的衬托下显得极为性感。当模特在 T 台上走动时，轻盈的羽毛随之飘舞，唤起了人们的激情。这幅插画被发布在该品牌的 Instagram 页面上。由于这是一件全黑色的长裙，插画师需要对每一种材料进行系统的研究。

◎礼服上半部分的皮草，使用由浅至深的色调，然后用白色线笔绘制出细节

◎有透视效果的薄纱部分，使用灰色的马克笔对面料进行处理，之后添加刺绣细节

◎精心修饰下半部分的每一根羽毛，以获得完美的效果

阿尔伯特 - 菲尔蒂（*Alberta Ferretti*）

2017 年春季成衣

这幅作品的灵感来自阿尔伯特 - 菲尔蒂（Alberta Ferretti）2017 年春季成衣精品秀，超模 Bella Hadid 在秀场上展示了这件礼服。

◎绘制模特胸部的皮革面料和精致、复杂的刺绣

◎用白色铅笔在紫色的裙子上画出光泽，产生柔软、光滑的缎面效果

这是 Gigi Hadid 在米兰时装周的阿尔伯特 - 菲尔蒂（Alberta Ferretti）2017 年秋季时装秀上所穿的雪纺裙。贡多拉船夫的条纹，绣花天鹅绒和连帽斗篷，将观众们带入威尼斯的意境之中。

◎运用色调层次的转换，以确保礼服的外层看起来柔软、光滑

◎将马克笔绘出的色彩充分结合，同时使用浅蓝色作为整个礼服的底层颜色

◎使用大胆的棕色、深绿色和灰色，构成面料的印花底色

◎通过白色线笔的运用突出印花部分的色层

阿尔伯特 - 菲尔蒂（*Alberta Ferretti*）

2017 年秋季成衣

这是亚历山大·麦昆（Alexander McQueen）2007 年春季成衣秀发布的晚礼服。它就像一个百花争艳的花园，加上极为别致的装扮和发型，使模特仿佛出没于花园中的精灵，令观者大饱眼福、意犹未尽。

◎运用紫色、绿色、粉色和裸色的混合色调进行绘制

◎辅以白色线笔、白色铅笔和深灰色调，使鲜花图案更为醒目

亚历山大·麦昆（*Alexander McQueen*）
花卉礼服

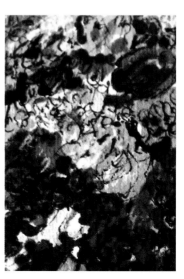

亚历山大 · 麦昆
（ *Alexander McQueen* ）
羽毛礼服

这件作品的灵感来源于由亚历山
大 · 麦 昆 （Alexander McQueen）
2009 年秋季 "The Horn of Plenty"
成衣精品秀中推出的，用黑鸭羽毛制
成的连衣裙和头饰，这套礼服以其独
特的造型和羽毛的处理技术令人惊叹
不已。

◎ 使用黑色和灰色绘制每根羽毛

◎ 用白色线笔在面料底色上突出羽毛

阿玛尼

2016 年春季高定时装

这件漂亮的礼服在阿玛尼 2016 年春季高定时装秀上展出。当模特在 T 台上走过时，轻盈、飘逸的裙子散发出令人着迷的气息。面料的颜色在浅蓝色和浅紫色之间不断变换，呈现出晶莹闪亮的效果。

◎ 使用肉色来表现模特的皮肤和妆容

◎ 运用紫色和白色线条创造出面料闪闪发光的效果

◎ 通过紫色和浅蓝色的混合运用为整个礼服上色

◎ 使用白色线笔勾勒出面料的褶皱，完成最后的修饰

这幅插画的灵感来自创意总监 Olivier Rousteing 在 2017 年巴尔曼（Balmain）春季成衣秀上展示的一件礼服样品。长毛毡外套和透明的衬裙性感、迷人，给人们留下了深刻的印象。插画师在绘制过程中使用了各种色调的粉红色，创造出了最佳的总体效果。

◎先后为内层的薄纱面料及外面的长外套上色

◎运用白色线笔和白色铅笔着重表现毛毡的纹理

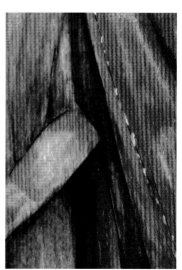

巴尔曼（*Balmain*）
2017 年春季成衣（粉色）

超模 Alessandra Ambrosio 穿的这件套装同样来自巴尔曼（Balmain）2017 年春季成衣精品秀。在强烈的背景音乐中，模特以优雅的妆容和灵活的猫步令这件套装散发出迷人的魅力。在这幅插画中，选择恰当的色彩尤为重要。

◎绘制棕色的阴影，并用白色铅笔画出不同的层次

◎用白色线笔为外套上色

◎使用马克笔绘制开叉裙

◎使用深棕色和灰色在外套上绘出深色的斑块，使其看上去更有层次

巴尔曼（*Balmain*）

2017 年春季成衣（棕色）

Brandon Maxwell
Lady Gaga 慈善舞会礼服

这幅插画受到了 Lady Gaga 的启发。这一次，她穿的是 Brandon Maxwell 设计的礼服。在 2019 年的 Met Gala（纽约大都会艺术博物馆慈善舞会）上，她身着这件宽松的亮粉色礼服踏上了红毯。除此之外，她还展示了其他三套礼服，包括一套文胸和内裤，以此表达她对晚会主题的诠释——浮夸展现时尚。

◎使用大量的粉色，包括花瓣的阴影部分

◎色调由浅至深，平滑、柔和地融合在一起

◎利用色彩层次的深浅变化突出礼服的色泽和深度

◎添加紫色进行修饰，使礼服显得更具弹性

婚纱手绘
薄纱婚纱

这是为客户绘制的一件婚纱礼服。这件婚纱的透明面料上拥有浮雕般的图案，其薄纱面料尽显丝滑，面料之间的完美结合展现出新娘华美、端庄的气质。

◎处理模特的皮肤，尤其是薄纱面料下面的浅棕色皮肤

◎用浅灰色描绘中间的透明面料和层叠的薄纱面料

◎使用白色线笔精细地勾勒出面料表面如浮雕般的图案

婚纱手绘
雪纺婚纱

这是为另一位客户绘制的婚纱。多层雪纺面料随风飘动，薄纱面料的蕾丝细节非常完美，凸显了新娘温柔、迷人的气质。

◎绘制模特裸露的皮肤以及雪纺面料下面的浅棕色皮肤

◎使用浅灰色表现出雪纺面料和其他面料交叉的层次感

◎用白色线笔描绘婚纱底层精致、迷人的蕾丝花边，以及轻盈、飘逸的面料

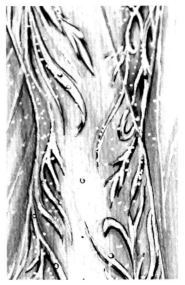

婚纱手绘
定制婚纱

这是为一位客户绘制的婚纱设计图，薄纱面料上精心镶嵌着耀眼的珍珠，下半身的薄面料上附有精美的蕾丝花边。这仿佛是为童话世界中的公主而精心打造的婚纱礼服。

◎用浅裸色描绘婚纱的上半部分，并用白色线笔绘制珍珠

◎使用裸色马克笔和浅橙色为下半部分的面料上色，同时用白色线笔勾画蕾丝花边

◎通过添加阴影的色彩突出衣料和贴花图案的特点

迪 奥
2017 年春季时装

这件设计超凡的绿色礼服来自迪奥
2017 年春季时装秀，该设计的重点
在于缝合的线条，这些线条完美地
修饰了女性的身体曲线。

◎混合运用两种绿色和浅灰色来呈
现薄纱面料的透明性

◎以模特柔嫩的皮肤作为底层，用
浅灰色辅以浅绿色为面料上色

◎用白色线笔和绿色马克笔修饰每
一朵小花

◎用白色线笔表达面料的褶皱，并
突出画面的层次感

迪　奥

2017 年春夏时装

这件美妙的礼服来自在日本举行的迪奥 2017 年春夏时装秀。它的设计灵感来自迪奥的"传奇"外套，创意总监 Maria Grazia Chiuri 将其面料重新设计为绣有樱花的亚麻布，与粉色薄纱面料制作的裙子完美地搭配在一起。

◎以浅黄色和浅棕色为外套上色

◎用大量的粉色色调绘制透明的裙子

◎用白色线笔在裙子上画出樱花图案

迪 奥
2017 年秋季时装

这件渐变色调的深蓝礼服来自迪奥
2017 年秋季时装秀。雪纺面料和精
致的装饰细节使这件光彩照人的礼
服显得极为奢华和迷人。

◎使用深蓝和浅蓝色调以及白色铅
笔描绘出薄纱面料

◎使用更浅的蓝色展现下部的雪纺
面料

◎用白色和蓝色线笔描绘出闪亮的
细节和模特的鞋子

◎在背景上添加"女权主义者"的
字样，以此呼应这次时装秀的宣言

迪 奥
Elle Fanning 礼服

在 2019 年戛纳电影节上，最年轻的评委——女演员 Elle Fanning 身穿这件迪奥礼服出现在会场。略具古典风韵的 Fanning 凭借出色的天赋获得了媒体的广泛赞誉，她的这件礼服也深受欢迎。

◎用灰色和黑色为宽边帽上色

◎修饰肤色、彩妆和头发

◎运用浅灰色和裸色绘出上半身的雪纺面料

◎用深蓝色、紫色和黑色为下半身的褶皱衣料上色

Do Long
2018 时装

在设计师 Do Long 的时装秀上，这两位模特分别身着黑色和金色的华丽礼服，她们双手相牵、回眸一笑的瞬间令人们联想到代表着白天与黑夜的天使。因此，插画师在画面中添加了与星座相关的背景，以突出画面的神秘氛围。

◎ 在黑色的礼服上精心地描绘每一颗宝石的图案，它们犹如漫天的繁星和风中的羽毛

◎ 在金黄色的长裙上，点缀出仿佛一座微型城市的装饰图案

◎ 使用水彩创造背景画面，用金色笔加以修饰，突出这组礼服的主题

Do Manh Cuong
"缪斯"礼服

这两件作品的设计者是越南最具才华和名望的设计师 Do Manh Cuong，它们在他的"The Muse 2"时装秀上让观者为之倾倒，展现了标志性的前卫风格、造型技巧和令人难以置信的礼服结构。两件礼服，一件是覆盖着羽毛的长裙，另一件是具有前卫风格的玫瑰花套装。在绘制过程中，插画师需要依次为其上色。

◎ 使用红色修饰每一个羽毛

◎ 运用色调深浅不一的红色来绘制玫瑰花

◎ 使用马克笔添加深色和浅色，并用白色铅笔提高整个画面的亮度

Do Manh Cuong
花卉长裙

这件红色连衣裙出自越南著名设计师 Do Manh Cuong 之手。当模特转身而去的时候，面料随风舞动，令人着迷。插画师在该图的细节和面料之间进行了层次的处理。

◎ 用红色马克笔为面料上色

◎ 添加大量以黄色为主的花卉图案

◎ 采用颜色更深的马克笔添加阴影，使这件礼服更具魅力

Dundas

2017 年戛纳时装秀

这幅插画的灵感源于 2017 年戛纳时装秀中，模特 Emrata 所穿的由 Peter Dundas 设计的礼服。她身着一件透明的蕾丝连衣裤，系在腰间的裙带犹如一条厚厚的束腰带。她性感、迷人，吸引了每一位观众的目光。

◎用裸色为皮肤上色

◎用浅灰色表现蕾丝连衣裤面料的透明性

◎使用黑色马克笔和白色线笔呈现出衣料表面闪耀的贴花图案

◎使用灰色和黑色为缠绕在腰部的塔夫绸面料上色，并用白色铅笔表现出面料的特点

艾莉·萨博（*Elie Saab*）

2016 年秋季精品（母女装）

这幅插画以母亲节的概念为基础，描绘的是艾莉·萨博（Elie Saab）2016 年秋季精品时装秀上的一位模特和小女孩。礼服的轻盈飘逸和"母女"之间的丰富感情使这一画面极具启发性。此外，身穿高级礼服的小女孩显得格外优雅、美丽。

◎先为两人的皮肤和头发上色

◎以浅棕色描绘薄纱面料

◎在薄纱面料上创作白色的蕾花边

◎运用阴影使面料看上去更为逼真

◎使用白色线笔和金色线笔描绘出礼服上的装饰图案

艾莉·萨博（Elie Saab）的作品总是充满了丰富的细节设计，经典的腰部结构充满了迷人的魅力。在他的 2016 年秋季时装秀上展示的这件连衣裙，除了有令人印象深刻的图案之外，还体现了设计师对豪华黑色的偏爱，突出了成熟女性的优雅气质。

◎用黑色调和白色线笔描绘上身亮片部分的面料

◎用灰色和裸色为薄纱面料上色，并用白色线笔提亮，表现出面料的光泽

◎用紫色、金色线笔和白色线笔刻画刺绣和贴花图案的细节，并用黑色马克笔清晰地呈现面料的底色

艾莉·萨博（*Elie Saab*）

2016 年秋季时装（紫色）

在艾莉·萨博（Elie Saab）2017
年春季精品时装秀上，这件集欧洲
现代感和优雅气质于一身的礼服吸
引了人们的目光。走秀的模特在观
众面前展示了礼服的五颜六色的巨
大星星图案、各种饰物、亮丽的面
料和青春、绚丽的色彩。

◎运用色调的变化表现出裙子的柔
滑特性

◎用浅灰色为裙子的背景上色

◎用蓝色、深紫色、灰色、橙色和
黄色绘制裙子上的印花图案

◎通过白色铅笔和白色线笔的混合
运用突出印花图案的色彩

艾莉·萨博（*Elie Saab*）
2017 年春季成衣

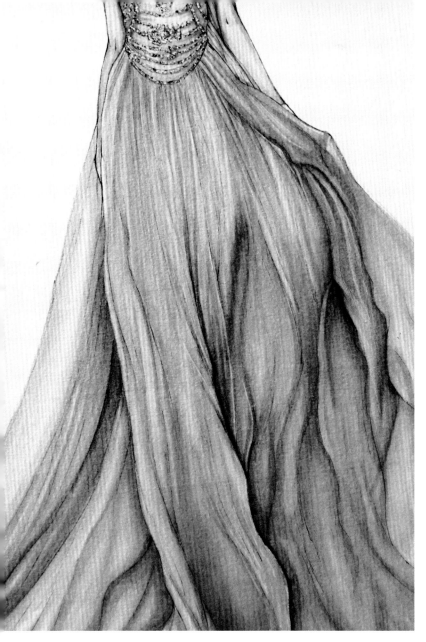

该图的灵感来自艾莉·萨博（Elie Saab）2017年春季高级时装秀的一件套装。那精美、别致的刺绣图案和随风舞动的雪纺面料会令人联想到电视连续剧《权力的游戏》中的角色。

◎ 使用闪亮的金黄色钢笔和白色线笔绘制出上半身的嵌花图案

◎ 通过裸色和浅橙色的多层次混合运用体现出雪纺长裙轻盈、飘逸的效果

◎ 以浅灰色进行修饰，增加刺绣图案和面料的层次感

艾莉·萨博（*Elie Saab*）
2017 年春季高级时装

这是艾莉·萨博（Elie Saab）2017 年春季精品时装秀上的一件礼服，裸色透明面料以及肩部的亮片和鸵鸟羽毛塑造了一个极为可爱的造型。

◎依次为肩部的鸵鸟羽毛和薄纱面料上色

◎用白色线笔修饰每一根羽毛，并用裸色马克笔提亮

◎运用由浅入深的色调呈现出面料平滑的效果，同时为上身部分的薄纱面料上色

◎使用马克笔添加阴影，用白色铅笔为整个画面提亮

艾莉·萨博（*Elie Saab*）
2017 年春季精品

在艾莉·萨博（Elie Saab）2017年秋季精品时装秀上，模特身穿这件典型的深秋色调的礼服走在 T 台上，为整个秀场带来了清爽的气息。交织在一起的微妙图案突出了模特身体的优美曲线，天鹅绒的花瓣与金石珠饰交织在一起，使礼服更显轻盈、精致。深暗的色调和轻柔的天鹅绒与蕾丝花边为礼服增添了无尽的诗意与魔力。

◎将黑色和紫色混合运用，深浅色调互相融合，突出面料的特点

◎用黑色马克笔描绘出天鹅绒花饰图案

◎使用金色线笔和阴影强调面料的纹理图案

艾莉·萨博（*Elie Saab*）

2017 年秋季成衣（黑色）

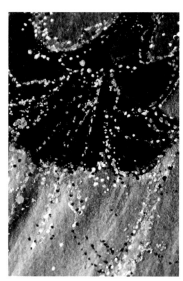

在 2017 年秋季成衣时装秀上，时装设计师艾莉·萨博（Elie Saab）的这套礼服以绚丽的色彩、柔美的花朵和水下植物图案充分体现了女性的气质。

◎运用色调的层次变化表现面料的柔滑特性

◎将色彩与马克笔的颜色紧密结合，并为整个裙子涂上浅裸色作为底色

◎使用粉色、紫色和藏蓝色在面料的底色上绘制大胆的花饰细节，使花瓣的图案非常醒目

◎采用由浅入深的方案为披风上色，各种色调混合后再用紫色进行提亮

◎使用白色线笔强调印花效果

艾莉·萨博（*Elie Saab*）

2017 年秋季成衣（紫色）

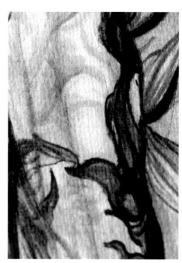

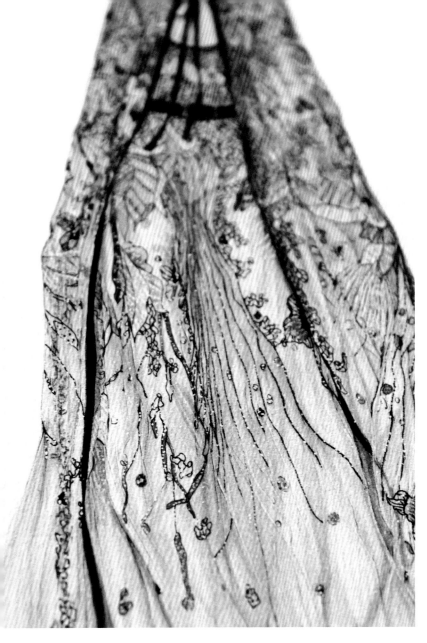

艾莉·萨博
（*Elie Saab*）
2017 年秋季成衣（粉色）

这件镶有宝石的浅粉色礼服在艾莉·萨博（Elie Saab）2017 年秋季时装秀上亮相，薄纱面料与刺绣图案的结合使女模尽显温柔、华美和高贵。

◎结合运用粉色水彩笔和马克笔为薄纱面料上色

◎用浅灰色马克笔为礼服提亮并增加深度

◎用蓝色和粉色马克笔绘制面料的纹理

◎用黑色和白色线笔描绘出礼服的装饰图案和闪亮光泽

艾莉·萨博
（*Elie Saab*）
2017 年秋季成衣（蓝色）

这件深蓝色的礼服来自艾莉·萨博
（Elie Saab）2017 年秋季时装精
品系列。天鹅绒和雪纺面料的搭配，
以及精致的飞燕装饰散发出迷人的
魅力和奢华的气息。

◎使用深蓝色和黑色表现天鹅绒面
料，并用白色铅笔施以光泽

◎用浅蓝色为模特身后的雪纺面料
上色

◎运用金色笔和白色笔描绘出燕子
饰品的细节，以及模特的鞋子

艾莉·萨博
（*Elie Saab*）
2017 年秋季成衣（黑色）

在艾莉·萨博（Elie Saab）2017 年秋季精品时装秀上，一位模特身穿一件羽毛飘舞的新奇礼服，令人联想到遥远国度的勇敢的公主。在场的观众都认为这是秀场中最为出色的晚礼服。

◎用浅棕色描绘这位"公主"的头发

◎运用深绿色和浅灰色表现出裙子的层次感，并为腿部的薄纱面料上色

◎用白色线笔和深绿色钢笔描绘刺绣的羽毛图案

◎用金色线笔勾画出礼服上的宝石细节

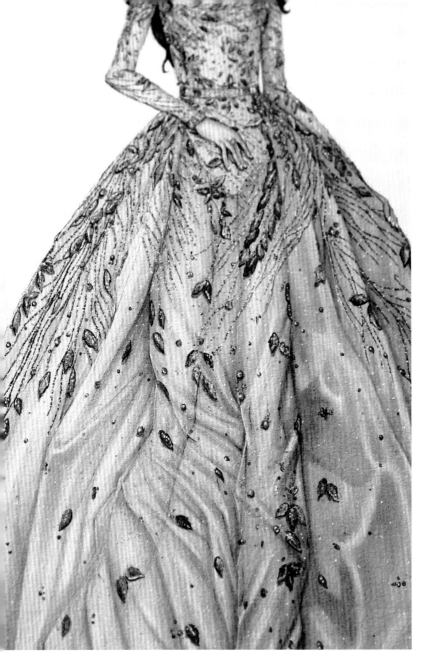

这是艾莉·萨博（Elie Saab）2017年秋季精品时装秀上的一件礼服，精致、宽松的造型仿佛是为童话世界里的睡美人定制的。裙子四周的叶子图案将模特包裹在其中，细节中嵌入的纹理设计令人赞不绝口。

◎从"公主"的深棕色头发和王冠入手

◎使用浅裸色和浅橙色表现出裙子的层次

◎为上身的薄纱面料上色

◎使用青铜色和白色线笔绘制裙子上的装饰图案

艾莉·萨博（*Elie Saab*）

2017 年秋季成衣（橙色）

这套极为轻柔和雅致的长裙来自艾莉·萨博（Elie Saab）2017年秋季精品时装秀，插画师用一位犹如女王一般高傲的女模形象代替了T台上原本的模特，她轻拂一侧金发的瞬间，轻柔的衣料随之飘动。

◎结合运用两种类型的蓝色和浅灰色表达薄纱面料的透明性

◎从柔嫩的皮肤开始，并以浅灰色辅以浅蓝色来描绘裙子的面料

◎使用深色增加画面的深度，并用白色铅笔绘制出层叠的面料褶皱

◎使用金色线笔和白色线笔点缀出服饰上的每一个宝石图案

艾莉·萨博（*Elie Saab*）

2017年秋季成衣（透明）

这件神秘的黑色长裙来自艾莉·萨博（Elie Saab）2017 年秋季精品时装秀。其黑色条纹与装饰图案以及金色的光芒图案相结合，为走秀的模特增添了尊贵和奢华的气质，令人联想到电视连续剧《权力的游戏》中的华丽场面，为该插画的创作提供了灵感。

◎ 在前景上涂绘面料的颜色，并用深色和浅色将其完全填充

◎ 用线笔修饰面料的纹理

◎ 用金色笔将这些图案精心整合

◎ 用珠光胶覆盖整个画面

艾莉·萨博（*Elie Saab*）
2017 年秋季成衣（金色）

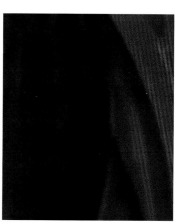

艾莉·萨博（*Elie Saab*）

2017 年秋季成衣（红色）

———————— ✲ ————————

这幅插画中的礼服同样来自艾莉·萨博（Elie Saab）2017 年时装秀。女模傲慢的姿态和红色手包为礼服增添了个性和魅力。

◎运用各种红色色调，并将它们自然相融，深浅不一的色调突出了缎面的光泽和面料的深度

◎运用棕色使礼服更具柔韧性，并使色彩更加丰富

◎在背景中添加一个美丽的花环，使女模更显妩媚动人

艾莉·萨博（*Elie Saab*）

2018 年春季精品

这件魅力四射的长裙来自艾莉·萨博（Elie Saab）2018 年春季精品时装秀，晶莹闪亮的刺绣、鸵鸟的羽毛和缎面等多种材料的结合，使这件礼服显得格外华丽。

◎ 使用两种肤色来衬托灰色的面料，以表达出面料的透明性

◎ 先绘制位于面料层下面的肤色，随后用灰色画出阴影

◎ 用黑色为面料上色，并绘出装饰图案

◎ 使用色调更暖的肉色绘制裸露的皮肤

◎ 使用金色线笔勾勒出裙子上的刺绣细节

艾莉·萨博（*Elie Saab*）

2018 年秋冬季精品

这件紧身礼服来自艾莉·萨博（Elie Saab）2018 年秋冬季精品时装秀，身穿礼服的模特犹如一位令人敬畏的女神。

◎ 使用暗樱红色为斗篷的天鹅绒面上色

◎ 用浅灰色为其内层上色

◎ 使用马克笔使其层次更为鲜明，并将色调从粉色和酒红色逐渐过渡为紫色

◎ 用白色线笔精心调色，为面料的褶皱和丝绸部分提亮

Galia Lahav

2017 年春季时装

这件礼服来自 Galia Lahav 2017 年春季时装秀。虽然设计师的目的是塑造一个威武的女战士形象，但是领口的领花细节和缎面的缝制显示出了另外一种独特的风格。袖子和裙摆都是用雪纺面料缝制而成的，在微风的吹动下，飘舞的裙子散发出柔和、宁静的气息。

◎ 将两种皮肤颜色与灰色混合，用以表现薄纱面料的透明性

◎ 用灰色和深灰色描绘阴影，用黑色修饰面料和图案

◎ 使用白色线笔勾勒出裙子上的花边和刺绣，并使用深灰色线笔修饰模特的鞋子

Galia Lahav
2018 年秋季高级时装

这幅插画展现的是 Galia Lahav 的 Vedette 长裙。在 2018 年的秋季高级时装秀上，一位戴着特殊头饰的女模身穿这件面料考究的巨大长裙出现在 T 台之上。

◎ 使用灰色表现长裙的每一个层次，由浅入深的色调变化清晰地呈现了面料的特点

◎ 用一支尖锐的钢笔在面料上绘出细细的线条

◎ 用白色线笔表达出裙褶的层次感

在设计师乔治斯·查卡拉（Georges Chakra）2016 年秋季时装秀上，一位模特展示了这件引人注目的礼服。红色的缎面随风飘舞，黑色薄纱长裤上精心缝制了亮片和宝石饰物。这种有趣的搭配为插画的创作提供了灵感。

◎ 用白色铅笔勾勒出浅红色区域，再用白色线笔画出外套

◎ 运用大量的红色为缎面外套和裙摆上色

◎ 使用深红色和灰色绘制礼服上的暗影，增加视觉上的深度

◎ 描绘腿部的肤色，然后用灰色表现长裤面料的特点

◎ 使用黑色线笔和白色线笔绘制出裤子上闪光的叶状亮片

乔治斯·查卡拉（*Georges Chakra*）
2016 年秋季时装

这是乔治斯·荷拜卡（Georges Hobeika）2017 年秋季时装秀上的一件礼服，裙子上错落有致的花饰图案以及两侧裙摆面料迷幻般的动感，令模特散发出超强的感染力。在这幅画的创作过程中，插画师在对面料纹理的绘制上花费了大量的时间。

◎ 确定模特的肤色

◎ 用浅蓝色创建一些透明的图层

◎ 用深蓝色精心描绘裙子上的每一个贴花图案

◎ 由模特的臀部开始添加背面的裙摆，形成重叠的色彩搭配效果

◎ 使用白色线条呈现出面料的明暗对比

乔治斯·荷拜卡（*Georges Hobeika*）
2017 年秋季时装

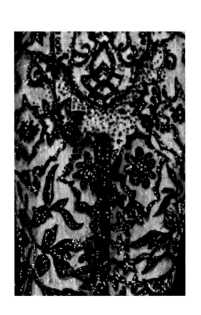

乔治斯·荷拜卡
(*Georges Hobeika*)
2017 年成衣

这幅插画的灵感来自 Pinterest 社交网站上的一张照片。照片中的"公主"面带忧郁，身穿乔治斯·荷拜卡（Georges Hobeika）的高级礼服。

◎用红棕色为"公主"的秀发上色

◎用浅蓝色和浅灰色表现裙子的层次感，并为上半身的透明面料上色

◎用白色线笔描绘刺绣图案

这幅插画的灵感来自詹巴迪斯塔·瓦利（Giambattista Valli）2016年春季时装秀上的一款柔美的薄纱礼服。当模特走秀时，层层叠叠的薄纱像浮云一样随之飘动，极为优雅。

◎以浅灰色和浅紫色的混合搭配作为画面的总体色调

◎用深灰色调表现薄纱面料的层叠部分

◎通过白色笔为面料的线条提亮，创造出薄纱面料的浮动效果

詹巴迪斯塔·瓦利（*Giambattista Valli*）

2016 年春季时装

在詹巴迪斯塔·瓦利（Giambattista Valli）2016 年秋季时装秀上，这件飘逸、纯净的礼服给人们留下了深刻的印象。身穿这件裙子的走秀女模仿佛来自童话世界，在随风轻舞的裙摆衬托之下，尽显清纯气息。

◎依次为礼服的每个元素上色，用由浅入深的灰色调表现雪纺面料的光滑效果

◎用白色线笔和绿色马克笔修饰每一朵小花

◎用白色、灰色线笔描绘裙子上装饰图案的阴影

◎用马克笔在模特的皮肤上添加深浅不一的色彩，并使用白色铅笔为整个画面提亮

詹巴迪斯塔·瓦利（Giambattista Valli）
2016 年秋季时装

詹巴迪斯塔·瓦利（*Giambattista Valli*）

2018 年春季时装

这件充满新艺术派灵感的礼服来自詹巴迪斯塔·瓦利（Giambattista Valli）2018 年春季时装秀，柔软、顺滑的面料在微风中轻舞。为了使画面更完美，插画师在女模就座的地方添加了一个花环，为画面增添了更多的诗意和宁静的氛围。

◎用灰色调修饰薄薄的雪纺面料，使褶皱产生飘浮的效果

◎用白色线笔强调面料的层次感，并通过添加阴影使画面更有深度

◎用棕色和金色为模特的头发上色

◎用浅粉色和绿色在背景上添加树枝和花朵

纪梵希

2018 年秋季成衣

这幅插画中的礼服来自纪梵希 2018 年成衣时装秀，其设计者为创意总监 Clare Waight Keller。长长的无袖外套从模特的肩部一直延伸到脚下，与半透明的漂亮长裙搭配在一起，令人联想起身披彩虹色长袍的女巫。因此，插画师在背景中增加了夜空的画面来突出这一构思中的元素。

◎ 使用深蓝色调为斗篷的天鹅绒面上色

◎ 用浅灰色表达其内里的色彩

◎ 使用马克笔创造出由粉色到红色、由蓝色到紫色的变化效果

◎ 通过白色线笔勾勒出面料的褶皱部分，使衣料表面的彩虹色更为生动、突出

这幅插画的灵感来自身着纪梵希时尚礼服的 Lady Gaga 在 *Elle* 杂志上的形象。裙子的层次变化、色调的冷热过渡，以及在灯光下闪耀的面料使这件礼服显得惊艳无比，令人过目难忘，沉醉于其中。插画师在该图的色彩处理上花费了大量的时间。

◎从 Lady Gaga 的肤色入手

◎划分裙子的不同色彩区域

◎系统地用冷、热色调为每一个层次上色

◎添加阴影和光泽，使插画看起来更加逼真

纪梵希

Lady Gaga 礼服

在郭培 2017 年春季高级女式时装秀上，一位模特展示了这件光彩夺目的礼服，其复杂、精致、错落层叠的绿色和金色面料本身就是一件杰作。

◎从面部妆容和肤色开始

◎用绿色绘制雪纺面料，并创造出层叠的效果

◎运用比原始色调略暗的阴影，勾勒出雪纺面料覆盖区域之外的所有元素

◎使用金色笔描绘刺绣图案，同时用白色线笔表现雪纺面料的特点

郭 培
2017 年春季高级时装

这件郭培2017年秋季高级女装的设计受到了圣加尔修道院（瑞士）这栋古老建筑的启发，其精致而华丽的线条极具创意。

◎运用大量的黄色和棕色色调，将浅青铜色和深棕色完美融合

◎通过色调的深浅变化突出面料的颜色和深度

◎使用白色线笔强调礼服的柔韧性和光泽

◎使用金色笔绘制上身部分的刺绣图案和面料上的印花图案，并用白色线笔增加礼服的光泽度

郭 培

2017年秋季高级时装

艾里斯·范·荷本
（*Iris van Herpen*）
2018 年春季时装

这幅作品的灵感来自艾里斯·范·荷本（Iris van Herpen）2018 年春季时装系列的一件未来主义礼服。这件精心制作的礼服采用了从淡蓝色到裸色的特制面料。当模特身穿这件裙子走秀时，动感十足的面料令观众为之倾倒。

◎ 用浅色调修饰模特的肤色和妆容

◎ 绘制模特皮肤外面的浅蓝色雪纺面料，以及从浅蓝色渐变为浅棕色，完美层叠的雪纺面料

◎ 在每一层面料下方添加阴影，使面料产生飘浮的效果，给人一种动态的感受

艾里斯·范·荷本
（*Iris van Herpen*）

2019 年春季时装

在艾里斯·范·荷本（Iris van Herpen）2019 年春季时装秀上，一位模特身穿色彩绚丽、轻盈飘逸的漂亮礼服在 T 台上转身退场时，尽显神秘之感。

◎ 使用渐变的色调表现裙子面料的柔滑

◎ 以浅裸色作为整个裙子的底色

◎ 运用大胆的红色、橙色和浅紫色描绘面料上印制的图案

◎ 使用白色线笔将这些颜色调和，表现出每一道褶皱的线条

Jason Grech
花束舞会礼服

这件长裙被称为"花束舞会礼服（Bouquet Ball Gown）"，极为奢华的白色缎面上印有色彩艳丽的花卉图案，令人眼前一亮。这幅插画是在澳大利亚设计师 Jason Grech 的委托下绘制的。

◎采用灰色调显示缎面的材质特性，突出面料产生的飘逸效果

◎绘制出五颜六色的花卉图案，其色调以紫色为主，并逐渐过渡为红色

◎为叶子和小花上色，同时用白色笔强调花卉的层次感

◎添加投影的效果，使图案更具立体感

玛切萨（*Marchesa*）

2017 年春季成衣

在玛切萨（Marchesa）2017 年春季成衣时装秀上，这件连衣裙柔滑的雪纺面料、黄色的宝石和亮片尽显奢华与高贵，为插画创作带来了灵感。

◎混合运用两种蓝色和浅灰色表现薄纱面料的透明性

◎为下面的雪纺面料上色，并在每层面料之间添加阴影，从而在衣料的表面产生暗化效果，使插画更加逼真

◎用一支金色线笔和深蓝色钢笔描绘裙子上的每一块宝石和图案

◎用白色线笔在裙子上创造光芒四射的效果

玛切萨（*Marchesa*）
2017 年早秋时装

在玛切萨（Marchesa）2017 年早秋时装秀上，一位模特展示了这件童话般的蓝色长裙。这个主题深深吸引了现场的观众。插画师在创作过程中，花费了大量的时间详细绘制出裙子的面料和纹理。

◎为模特的皮肤上色

◎使用浅蓝色绘制面料的透明部分，并采用多种蓝色调精心描绘裙子上的每一个贴花图案

◎使用深灰色和阴影为面料提亮，并增加画面的层次感

◎用白色线笔和深绿色马克笔绘制刺绣图案

玛切萨（*Marchesa*）
深 V 礼服

这件玛切萨（Marchesa）深 V 礼服的华丽装饰犹如群芳吐艳的花园。它是一件艺术杰作，奢华并充满无穷的魅力，为该插画的创作提供了灵感。

◎ 从礼服的背景开始，用浅蓝色和灰色描绘雪纺和薄纱面料的阴影

◎ 用多种色调绘制"花园"，包括粉色、红色、黄色、绿色和蓝色的鲜花图案，使其浮于礼服的表面

◎ 使用白色钢笔刻画镶嵌于花朵上的宝石，在裙子上形成闪闪发光的效果

玛切萨（*Marchesa*）

2018 年 秋季成衣

这件礼服来自玛切萨（Marchesa）2018 年秋季成衣精品系列。这个时尚品牌极为柔和的女性化设计深受消费者的喜爱。该礼服精致、华美的图案和细节，以及文艺复兴时期的韵味令人印象深刻，华丽的鲜花装饰图案更是博得了人们的青睐。

◎根据礼服的主、次部分划分出大小不一的鲜花图案

◎用黑色马克笔为礼服涂上底色，并用白色铅笔和白色线笔将明暗两种色调结合起来

◎将色彩绚烂的鲜花与装饰图案融为一体，同时使用金色线笔勾勒出图案中的细线

◎使用白色线笔在黑色背景上绘制叶子的轮廓，并用绿色马克笔为其上色

玛切萨（*Marchesa*）

2019 年早秋精品

这幅插画的灵感源于玛切萨（Marchesa）2019 年早秋精品时装秀。这件礼服的腰带系着蝴蝶结，透明的衣料上饰有独特而魔幻的宝石图案，轻柔的羽毛随风飘动，为插画的创作提供了无尽的灵感。

◎ 使用浅蓝色为透明的面料上色

◎ 使用白色线笔描绘出面料上的宝石图案和白色的鸵鸟羽毛

◎ 通过浅蓝色和大胆的色调表现蝴蝶结和系在腰部的布料

◎ 添加阴影，增加画面的层次感，并使贴花图案产生飘浮的效果

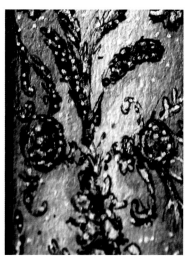

这是一副为泰国客户 Monrissa Leenutaphong 创作的插画。这件长裙犹如朵朵玫瑰漂浮于清流之上，花朵的色彩变化看上去如此柔和而纯净。

◎ 以裸色和浅蓝色作为裙子的底色

◎ 用淡绿色、粉色和浅灰色为花朵上色

◎ 通过暗层使这些花瓣仿佛飘浮于面料之上

Monrissa Leenutaphong
玫瑰礼服

这是另一幅为泰国客户 Monrissa Leenutaphong 创作的插画。雪纺薄纱面料和柔和的色彩令整个画面颇具诱惑力，使三位女模宛若幽兰，散发着优雅、迷人的魅力。

◎ 在细致的构图设计完成之后，为模特的皮肤和面容上色

◎ 依次画出每位模特的礼服并上色

◎ 用暗色添加阴影，并使用白色线笔提亮，使总体效果更佳

Monrissa Leenutaphong

雪纺礼服

这幅插画的灵感来源于 *Artbook* 中一张名为 "Going East" 的照片，这张照片是由越南时尚界最有影响力的人物之一，创意总监 Dzung Yoko 拍摄的。照片中的模特身穿 Nguyen Cong Tri 设计的礼服，礼服上配有手工制作的图案，柔软的面料随风而舞。

◎ 运用大量的灰色调，通过深浅变化使礼服的面料更为突出

◎ 使用黄色、红色和绿色画出背面的图案，并添加一层阴影以突出图案的纹理特点

Nguyen Cong Tri

礼服

莲娜丽姿（Nina Ricci）的标志性外套在 2017 年春夏时装秀上得到了重新诠释。清晰的线条、适合的腰身、圆润的肩部和略显夸张的尺寸，塑造出一种漫不经心的造型，为人们留下了趣味盎然的视觉效果。

◎用浅灰色调作为裙子的底色

◎用黑色马克笔从大到小绘出整个礼服上的条纹

◎添加阴影，使裙子的部分更加清晰，并增加面料的层次感

莲娜丽姿（*Nina Ricci*）
2017 年春夏时装

Phuong My
2018 年婚纱

2018 年，在纽约举行的 Phuong My 婚纱秀上，这件华丽的红色婚纱与风共舞时，将人们带入了一个充满诗意的空间。

◎ 运用大量的红色阴影表达薄纱面料的特征

◎ 用灰色为礼服创造层次感

◎ 用酒红色为模特胸部的贴花图案提亮

◎ 使用白色线笔呈现出面料的光泽

Ralph & Russo
2017 年冬季时装

在 Ralph & Russo 2017 年冬季时装秀上，这件迷人的礼服以奢华、光亮的褶皱面料，精美的手工刺绣花饰和珍贵的宝石饰品吸引了无数目光。这幅插画被选为 Ralph & Russo 在 Instagram 和脸书页面上的广告图片。

◎用肉色为薄纱面料下若隐若现的皮肤上色

◎使用浅灰色马克笔和白色线笔描绘皮肤以外的雪纺薄面料和褶皱

◎用白色线笔为面料上的宝石纹理提亮

◎用深灰色和白色线笔为花边和图案上色

◎通过添加暗色的阴影使礼服更具立体感和迷人的美感

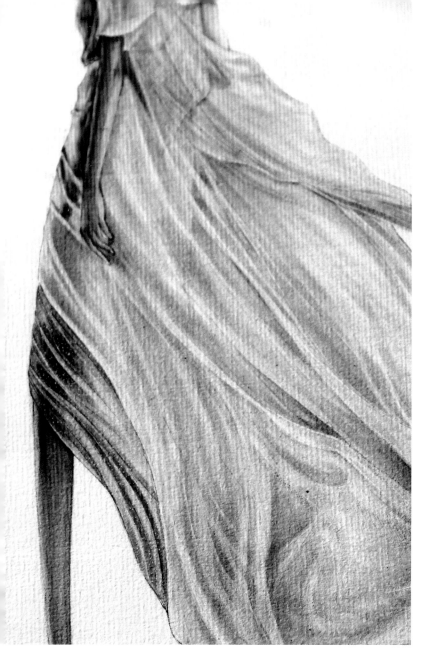

这幅插画展现了 Ralph & Russo 2018 年秋季时装秀上一位模特转身时的背影。由于当时光线较暗，很难看清她的面部，但是裙子在她的身后随风起舞，形成了妙不可言的效果。

◎处理模特的肤色和面部的阴影效果

◎为透明面料的内层上色

◎用白色线笔和裸色、灰色、粉色马克笔绘制出随风而动的面料

Ralph & Russo
2018 年秋季时装（裸色）

Ralph & Russo

2018 年秋季时装（雪纺）

在 Ralph & Russo 2018 年秋季时装秀上，这件礼服以柔和的色调和随风飘动的面料令人沉醉其中，宛如一首旋律优美、充满诗意的歌曲。

◎ 将多种浅色调混合在一起，包括蓝色、绿色和粉色，描绘出礼服的整体背景

◎ 为从模特胸部直到脚部的雪纺面料涂上黑色，并为其添加阴影，以表现出礼服的层次感

◎ 用白色线笔为褶皱部分提亮，使画面更美

在 2019 年戛纳电影节的首日，佩戴着肖邦（Chopard）的珠宝首饰，身穿这件绚丽夺目的 Ralph & Russo 礼服的泰国女演员 Araya Alberta Hargate 宛若一位美丽的公主。长裙的色调从上至下逐渐由浅紫色变为深蓝色，其精巧的造型犹如天边的浮云。

◎绘制裙子上面的浅紫色部分

◎用更深的颜色为裙子的下半部分上色

◎使用白色线笔和深紫色强调裙子的层次和褶皱，使它们显得更加突出和逼真

Ralph & Russo

戛纳礼服

131

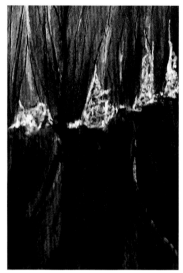

Roberto Cavalli

2017 年春季成衣

这件礼服来自 Roberto Cavalli 的
2017 年春季成衣秀，迷人的粉色和
紫罗兰色，以及蕾丝面料的层次感
散发出波西米亚的风格。

◎用粉色和紫色表现面料的色彩

◎使用深色图层呈现该礼服面料飘
逸的特征

◎用白色笔修饰蕾丝花边的细节

这幅插画中的礼服来自罗达特（Rodarte）2019 年春季成衣秀。这位面带微笑的姑娘在层层雪纺薄纱的衬托下更显优雅、大方，令人心动。

◎通过紫色和浅粉色的混合运用，展现礼服的面料特征和色彩，创造出最为和谐、柔滑的感受

◎使用白色线条绘制衣料表面的亮线，从而提高礼服本身的亮度

在 Schiaparelli 2018 年秋季时装秀上，这件礼服的雪纺面料上数以千计的展翅蝴蝶，仿佛将观众带入了一个神秘的童话世界。为了表达月光下漫步的公主这一构思，插画师为该图加入了紫色的夜幕和金色月亮作为背景。

◎绘制身穿蝴蝶礼服的女模，以及薄纱材料中的蕾丝面料，并用浅黑色钢笔进行细节处理

◎用淡黄色和裸色描绘透明的部分，同时在礼服上增加深色调

◎用线笔画出礼服上的每一只蝴蝶

◎用水彩描绘画面的背景，表达出月光下的公主这一创意

Schiaparelli
2018 年秋季时装（蝴蝶）

在 Schiaparelli 2018 年秋季时装秀上，患有白癜风的女模 Winnie Harlow 在灯光下展示了这件亮丽、奢华的深蓝色缎面礼服，散发出无穷的魅力。

◎使用大量深浅不一的蓝色调，并将海蓝色和浅蓝色混合在一起，呈现出平滑的色彩变化

◎用白色铅笔为面料的颜色提亮，并添加深色阴影，使缎面更为醒目、逼真

Schiaparelli
2018 年秋季时装（蓝色）

Stéphane Rolland

2018 年春季高级时装（棕色）

一张 Stéphane Rolland 高级时装秀的照片激发了这幅插画的创作灵感。身着这套华美礼服的女模看上去气场强大、魅力四射。

◎ 使用大量的棕色色调，包括浅棕色、深棕色和青铜色

◎ 通过最浅和最深色调的运用，突出缎面以及下面雪纺面料的亮度和光泽

◎ 在面料的表面添加阴影，让附着在模特下半身的叶子装饰图案产生飘浮效果

Stéphane Rolland

2018 年春季高级时装（紫色）

在 Stéphane Rolland 2018 年春季高级时装秀上，一件紫色礼服激发了这幅插画的创作灵感。缎面和雪纺面料以及精致的花饰细节尽显奢华、迷人的风采。

◎运用大量的紫色色调

◎使用白色铅笔绘制礼服上身部分的缎面

◎用浅灰色描绘出下部的雪纺面料

◎通过紫色和浅灰色的结合运用，呈现出模特腿部薄纱面料的透明性

◎用白色线笔勾勒出花饰的细节，并为其添加阴影，产生飘浮的效果

华伦天奴

2018 年巴黎高级时装

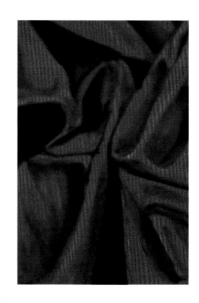

这幅插画的灵感源于 2018 年巴黎
高级时装周的一位身着华伦天奴礼
服的模特照片。这位穿着华丽的女
模看上去有些忧郁，宛如清冷房间
中的孤独女王。

◎ 使用一系列浅红色和深红色为面
料上色

◎ 结合白色铅笔描绘该礼服面料的
材质特性

◎ 使用红色、黑色和紫色表现头饰
中的每一朵花饰

◎ 使用一层薄薄的水彩绘出插画的
背景

在华伦天奴 2018 年秋季时装周的最后一场走秀中，创意总监 Pierpaolo Piccioli 以他的设计征服了全场观众。在这些绚烂多彩和充满激情的礼服中，这件由多块锦缎、水钻、亮片、珍珠和栩栩如生的纹理刺绣制成的晚礼服被 Piccioli 描述为"文艺复兴与凡尔赛在 20 世纪 60 年代的碰撞"。但事实远不止如此：这是一件梦幻般的礼服，是真正的时装。

◎ 使用最浅的蓝色来表达礼服的塔夫绸面料

◎ 用更深的色调表现面料的褶皱，同时混合运用浅色调

◎ 通过白色线笔提亮面料的色调，使裙子产生闪亮的光泽

华伦天奴

2018 年秋季时装

华伦天奴

Lady Gaga 金球奖礼服

这是 Lady Gaga 出席 2019 年金球奖颁奖仪式时穿的华伦天奴的长裙，这件长裙是该品牌 2018 年秋季精品时装发布会上的新品。隆起的袖子和完美的裙褶使这位明星的气场更加强大，令人印象深刻。她走入现场时，吸引了每一位观众的眼球。插画师捕捉到了她光芒四射的一刻，并绘出此图。

◎该图以蓝色为主色调，并融合了其他辅助颜色

◎以渐变的方式绘制由浅入深的色彩层次

◎将它们混合在一起，并用紫色勾勒出阴影部分

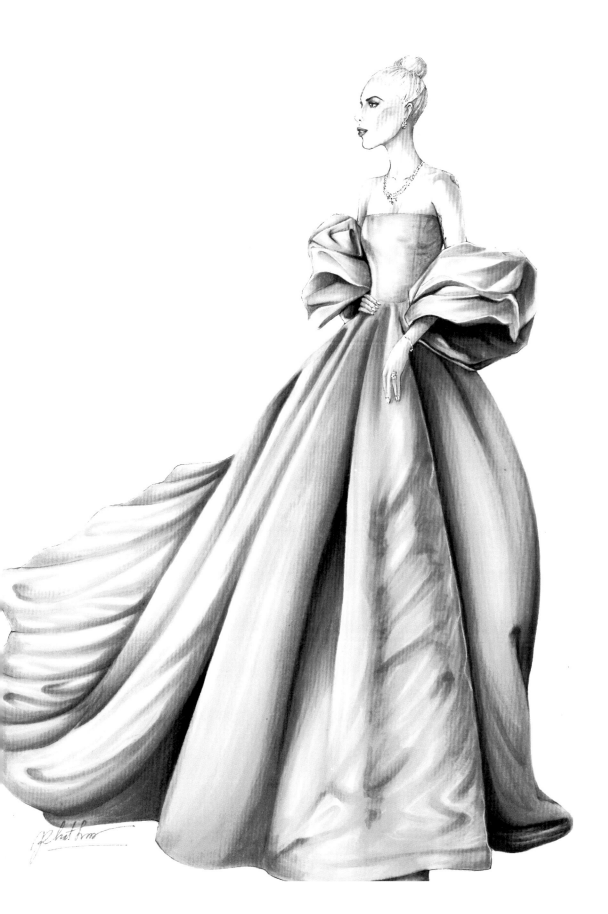

范思哲

2017 年春季时装

这幅作品的灵感源于范思哲 2017 年春季时装秀，这件礼服的时尚造型、手工刺绣和精巧的细节处理为观众留下了难以忘怀的印象。

◎使用蓝色和浅灰色表现雪纺和薄纱面料

◎用白色线笔提亮，展示出细节和光泽

◎通过浅蓝色的运用，使面料上的扇形图案清晰可见

◎添加阴影，使图案犹如飘浮于雪纺面料之上

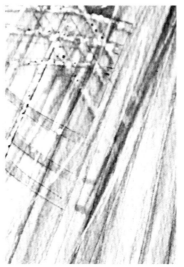

范思哲
深红色高级礼服

这幅插画的创作灵感源于 2018 年 在 Met Gala 上 走 秀 的 Blake Lively。此次盛会的主题为"天体：时尚与宗教形象"。这位《绯闻女孩》中的演员身着深红色的范思哲高级礼服，其上身饰有彩虹色的图案。她的灿烂笑容和这套华美的礼服吸引了每一位观众的目光。

◎绘出礼服的上半部分，以及看似镶嵌在表面上的璀璨宝石

◎从腰部和臀部开始，采用红色对下部的面料逐层上色

◎运用深红色和暗影突出面料的纹理特征

◎使用白色线笔和金色笔勾画出红色裙子上的刺绣图案

范思哲
彩窗礼服

这是名模 Gigi Hadid 在 2018 年的 Met Gala 上所穿的范思哲礼服，它的色彩搭配显然是受到了教堂彩色玻璃窗的启发。在灯光下，梦幻的色彩令人激情迸发、难以忘怀。

◎将该礼服分为两个部分，并依次上色

◎第一个部分由"五颜六色的玻璃"构成，形成由粉色、蓝色、绿色、紫色和红色组成的渐变效果，犹如教堂的彩窗

◎另一部分以宝蓝色为主，并配以金色的纹理线条

◎以白色的线条和金色笔突出面料和裙摆的褶皱效果

范思哲

戛纳礼服（紫色）

这幅插画的灵感来自超模 Natasha Poly 在 2018 年戛纳电影节上身穿的范思哲长裙。大胆的开口设计和随风舞动的透明雪纺面料与模特的气质完美融合，使她看起来犹如一位傲慢、性感的女王。为了使裙子的层次感看上去尽可能显得自然，插画师混合使用了各种紫色和浅粉色。

◎从紧身胸衣的几何图案开始，由浅入深，从粉色到紫色，逐步完成总体的色彩层次

◎用白色线笔绘制面料的轮廓，创造出飘动的效果

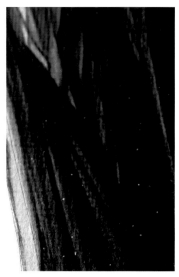

范思哲

夏纳礼服（蓝色）

在 2018 年的戛纳电影节上，超模 Natasha Poly 身穿范思哲的蓝色礼服闪亮登场。她宛如一位希腊女神，以曼妙的步伐、凝视的目光、飘逸的长裙征服了在场的观众。

◎用裸色和金色修饰模特的妆容和头发

◎绘制裙子上半部分的透明面料，并用深蓝色为雪纺面料上色

◎使用白色线笔描绘裙子上的荧光色泽

Vo Cong Khanh
"茧（Cocoon）"系列时装

这件婚纱来自越南设计师 Vo Cong Khanh 的"茧（Cocoon）"系列时装秀。它给人以仙境般的感受，雪纺面料随着模特的走动更显轻盈、柔滑，加上裙子上的压花蝴蝶图案，让观众赞不绝口。

◎ 为模特被薄纱面料隐隐遮掩的皮肤上色

◎ 使用浅灰色马克笔和白色线笔描绘婚纱的轮廓

◎ 用白色铅笔表现皮肤以外的薄雪纺面料、花边和其他大部分面料

◎ 为蝴蝶的翅膀上色并添加阴影，创造出飘浮的图案效果

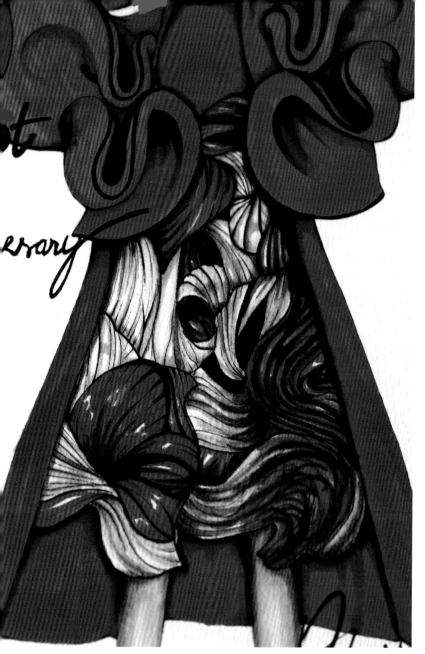

这幅插画的灵感来自设计师 Vo
Cong Khanh 的作品，并在为庆
祝越南杂志 L'officiel 创办一周年
而举办的插画竞赛中获奖。图中的
女模穿着一件与众不同的红色连衣
裙，其身后是杂志的官方贺词。

◎大量运用红色和灰色表现出衣料
的表面特征

◎以丝带的造型绘制出杂志的官方
贺词

◎使用深灰色加强画面的层次和阴
影部分

◎用黑色钢笔添加文字说明

Vo Cong Khanh
竞赛作品

20.08.2016
ILLUSTRATION
TRAN HUU PHAT
INSPIRED DRESS
VOCONGKHANH

Vo Cong Khanh
Elle 时尚秀礼服

在 2017 年 Elle 时尚秀即将结束的时候，设计师 Vo Cong Khanh 展示了这件礼服。模特身穿这件充满趣味的礼服走秀时，展现出了光彩夺目的华丽风采。为了完美地展现这件礼服，插画师在图中创造了一位公主的形象。

◎绘制模特的肤色和妆容，以及头顶的王冠和金色的长发

◎处理礼服的上半部分，绘出银带和印有"Congratulations（祝贺）"字样的条幅

◎画出半透明的海蓝宝石色面料，并用白色笔添加光影，使面料更显华丽

这件礼服出自越南设计师 Vo Cong Khanh 的 2016 年秋季时装秀。他以独特非凡和富有创意的设计深受人们的喜爱。这一设计的灵感源于太阳女神，由金鸡构成的图案令人大饱眼福、惊叹不已。

◎运用大量的黑色和深灰色，并将深浅色调相结合，使面料的特点更加突出

◎使用金色线笔绘制裙子上的刺绣图案

◎使用黑色线笔添加阴影，突出面料的纹理图案

◎用白色线笔描绘出闪亮的效果

Vo Cong Khanh
太阳女神礼服

167

Vo Cong Khanh

蝴蝶裙

这幅插画展现了设计师 Vo Cong Khanh 的蝴蝶裙。这一"疯狂"设计的灵感来源于天空中飞舞的蝴蝶，令人印象深刻，仿佛带领人们进入了梦幻般的世界。

◎为模特的皮肤上色，包括裸露的部分和薄纱面料下面的皮肤

◎用浅蓝色马克笔、白色线笔和白色铅笔描绘皮肤外面的精致面料，以及裙子的大部分面料

◎通过阴影的添加使礼服的面料更具立体感

◎采用丰富的色调为蝴蝶的翅膀上色，包括橙色、裸色、浅蓝色、黄色等

◎为图案添加阴影，不仅产生了飘浮的效果，还起到了为礼服提亮的作用

Ziad Nakad
2016 年秋季高级时装

这是 Ziad Nakad 2016 年秋季高级时装秀中展示的一件礼服。在透明和半透明的衣料上，覆盖着银色的装饰图案和红色的刺绣，精心装饰的宝石状纹理在绚丽的灯光下熠熠生辉。

◎绘制下面的薄纱面料层

◎为红色和灰色的图案上色

◎用白色线笔在面料上依次画出宝石图案，创造出光芒四射的效果

祖海·慕拉
(*Zuhair Murad*)
2016 年秋季时装（红色）

这幅插画的创作灵感来自祖海·慕拉（Zuhair Murad）2016 年秋季时装秀上一件神秘的红色长裙。在光彩炫目的秀场上，这件礼服格外夺目，尽显超凡脱俗和尊贵奢华的风采，散发出超然世外的魅力。

◎处理从模特的颈部直到脚面的透明面料，使其与颜色更深的皮肤和衣料形成鲜明对比

◎用一系列亮红和暗红的色调为面料上色，通过色调的混合运用表达出面料的特性

◎用一支灰黑色铅笔添加深浅不一的色调，对整体设计进行修饰

◎用白色线笔描绘出衣料上的宝石图案

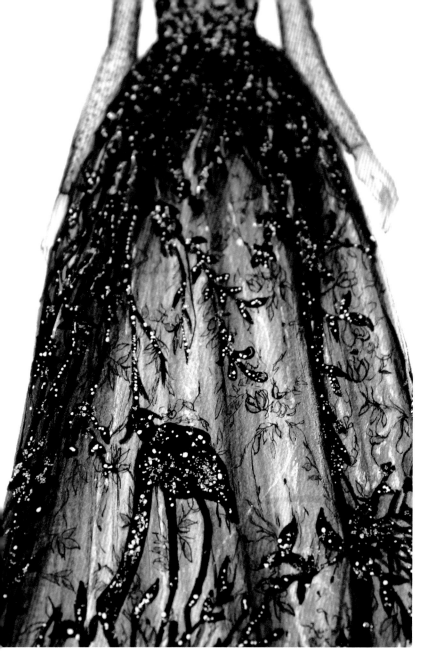

这件礼服也出现在祖海·慕拉（Zuhair Murad）的2016年秋季时装秀上，再次展示了薄纱面料的巧妙应用，灵活的设计使其与柔软的蕾丝层相结合。散发出金属光泽的图案美妙至极，精心设计的蕾丝边条完美地展现出模特的体型。

◎以夸张的手法绘制女巫帽和浅灰色的头发

◎用大量的灰色和黑色来表现裙子的层次感，并为胸部和臂部的透明面料上色

◎用白色线笔和黑色笔勾画出裙子上的花卉刺绣图案

祖海·慕拉（*Zuhair Murad*）
2016年秋季时装（黑色）

这件礼服来自祖海·慕拉（Zuhair Murad）的 2016 年秋季时装秀，它的宝石装饰和浮雕花卉装饰令人着迷。隐藏在薄面料衬里之下的浅金色花朵，体现了该品牌对复杂设计的热衷。

◎选择模特气势强大的站姿形象，与柔弱的花饰细节形成强烈对比

◎用淡黄色和浅灰色为礼服的花卉图案上色

◎通过暗影使花瓣产生飘浮于面料之上的效果

祖海·慕拉（*Zuhair Murad*）

2016 年秋季时装（金色）

祖海·慕拉（Zuhair Murad）是黎巴嫩著名的设计师，他的名字已经成为超薄的、童话式的精致礼服的代名词。在2016年秋季时装秀上，他为时装周的首日奉献了一系列多层礼服，每一件都比上一件更为华美、大方。

◎通过肉色和灰色的结合描绘出薄纱面料的透明性

◎用灰色和深灰色表现模特皮肤上的阴影

◎用黑色塑造面料和装饰图案

◎用线笔描绘出裙子的每一个层次以及上面的刺绣图案

祖海·慕拉（*Zuhair Murad*）
2016年秋季时装（透明）

这幅作品展现了祖海·慕拉（Zuhair Murad）2017年春季成衣时装秀上的两件礼服。这一高端品牌以时尚的造型、精心的手工刺绣和细节处理给人们留下了难以磨灭的印象。

◎使用粉色表达了雪纺面料的透明性，与黑色长裤形成鲜明对比

◎用白色线笔勾画出裤子上闪耀的宝石图案，并对左侧女模的礼服进行修饰

祖海·慕拉（*Zuhair Murad*）

2017年春季成衣

祖海·慕拉（*Zuhair Murad*）

2017 年春季时装（黑白）

在 祖 海·慕 拉（Zuhair Murad）
2017 年春季时装秀上，这件礼服以
叛逆的风格让人难以忘怀。

◎使用浅灰色和黑色以及白色铅笔
表现出裙子的丝绸面料

◎用更浅的灰色描绘出腿部的薄纱
面料

◎用金色笔和白色笔描绘烟花样式
的刺绣图案，并画出模特的鞋子

祖海·慕拉
（*Zuhair Murad*）
2017 年春季时装（雪纺）

这幅插画的灵感来源于祖海·慕拉
（Zuhair Murad）2017 年春季时
装秀，图中描绘了一件饰有金色花
边和精致刺绣的白色礼服。

◎以肉色表现隐约藏在薄纱面料之
下的模特肤色

◎使用浅灰色的马克笔、白色线笔
和白色铅笔表现出皮肤外的薄雪纺
面料

◎用金色线笔描画面料上的金色纹
理线条

◎通过添加深色的阴影使礼服看上
去更有立体感，也更具魅力

祖海·慕拉（*Zuhair Murad*）

2017 年春季时装（红色）

在祖海·慕拉（Zuhair Murad）
2017 年春季时装秀上，一件新艺术
风格的红色丝绸连衣裙令人耳目一
新，其上身为蕾丝紧身胸衣，整个
裙子的色调为粉红色和暖粉色。

◎结合运用两种不同的红色以及红
宝石色，描绘出上身薄纱面料的透
明性

◎用裸色为蕾丝面料下面的皮肤
上色

◎用浅灰色辅以红色绘制缎面衣料

◎使用线笔勾勒出裙子的装饰图
案，同时用白色线笔和金色笔进行
整体修饰

祖海·慕拉
(*Zuhair Murad*)
2017 年秋季时装（蓝色）

这套礼服来自祖海·慕拉（Zuhair Murad）的 2017 年秋季高级时装秀，其款式深受消费者喜爱。这幅插画准确地捕捉了时装周的时尚气息。那浪漫的蓝色和多层雪纺面料的细节设计极为诱人，闪亮夺目的元素使模特散发出令人难以抗拒的魅力。

◎采用马克笔绘制模特的脸部和皮肤，以及浪漫的蓝色薄纱

◎上色后，用白色线笔绘制细节

◎通过阴影的添加使礼服更具立体感，并用闪光胶水对某些部位提亮

祖海·慕拉
（*Zuhair Murad*）

2017 年秋季时装（紫色）

这件长裙出现在祖海·慕拉
（Zuhair Murad）的 2017 年秋季
高级时装秀上，它轻盈亮丽、魅力
迷人，晶莹闪亮的细节和面料的光
泽会令人联想到美丽的公主。背景
画面中的独角兽会让观者想到王子
与公主的童话世界。为了展示这件
梦幻般的浪漫长裙，插画师运用了
紫色和浅灰色来描绘薄纱面料的透
明性。

◎以浅淡的皮肤作为插画的第一层

◎用浅灰色为礼服上色，并辅以紫
色表现材质

◎以白色强调面料的轻盈、飘逸，
同时用金色笔描绘复杂、精致的
图案

该作品的灵感来源于2017年戛纳电影节上的 Araya Alberta Hargate，她身穿这件祖海·慕拉（Zuhair Murad）的粉红色高级礼服，犹如一位娇美的公主。当她在红毯上走过时，柔滑的薄纱层层舞动，展现出无穷的魅力。

◎绘制上半身的缎纹面料

◎为下半身的雪纺面料层上色，并在每层面料之间添加阴影，使画面更有层次和真实感

◎大量的粉红色和紫色的混合运用使礼服的颜色更具层次感

祖海·慕拉（*Zuhair Murad*）

戛纳礼服

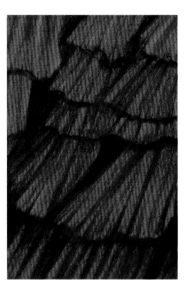

祖海·慕拉（*Zuhair Murad*）

金球奖舞会礼服

在 2017 年的金球奖颁奖典礼上，Lily Collins 身穿粉红绣花的祖海·慕拉（Zuhair Murad）高级舞会礼服，与她亮丽的红唇和优雅的头顶圆髻和谐地搭配在一起，光彩照人。

◎ 使用裸色为皮肤上色

◎ 用浅粉色描绘薄纱面料，并运用一系列的粉色调绘制礼服上的每一个印花图案

◎ 使用灰色和阴影强调面料的特点

◎ 使用白色线笔和粉色铅笔画出粉色衣料上的刺绣图案

在2018年巴黎春季高级时装周上，一位优雅的模特展示了祖海·慕拉（Zuhair Murad）最新设计的银白色礼服，这件礼服装饰着无数精美的羽毛饰物，十分惊艳。

◎依次为肩部的羽毛部分和带有褶皱花边的面料上色，再用灰色修饰每一根羽毛

◎通过色调由浅至深的变化表现出面料的光滑特点

◎使用马克笔增添深浅不一的色调，同时用白色铅笔和白色线笔为整个画面和蕾丝面料提亮

◎混合运用大量的灰色和浅紫色，使色层看起来尽可能自然

祖海·慕拉（*Zuhair Murad*）

2018 年春季高级时装

这件长裙来自祖海·慕拉（Zuhair Murad）的2018年秋季高级时装秀，散发出永恒与经典的美感。深蓝色的长裙配有一个宽大的斗篷，亮片和石头图案附着在里面那层薄薄的面料上。在时钟背景的衬托下，女模仿佛从时间机器中穿越而来。

◎ 使用三种深蓝色调表现出斗篷的面料特征

◎ 用蓝色绘制礼服的面料，同时用白色线笔在礼服的底色上描绘出刺绣图案

◎ 在图案下面添加暗影，使其产生浮动的效果

◎ 使用水彩描绘画面的背景

祖海·慕拉（*Zuhair Murad*）
2018 年秋季高级时装

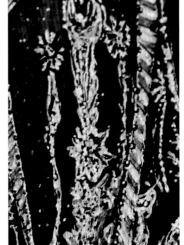

祖海·慕拉
（*Zuhair Murad*）
2019 年春季时装

这是祖海·慕拉（Zuhair Murad）2019 年春季时装秀上的一件礼服，雪纺面料在空中飘浮滑行的动感，以及层次分明、由浅至深的自然色泽让观众如痴如醉。这种迷人的色调会让人联想到奇幻的水下梦境。

◎ 大量运用绿色和蓝色的混合搭配，尽可能形成平滑的效果

◎ 从作为最浅色层的浅绿色入手，逐步添加深绿色和蓝色等较深色层

其他作品展示

祖海·慕拉（*Zuhair Murad*）2016 年春季时装

个人作品

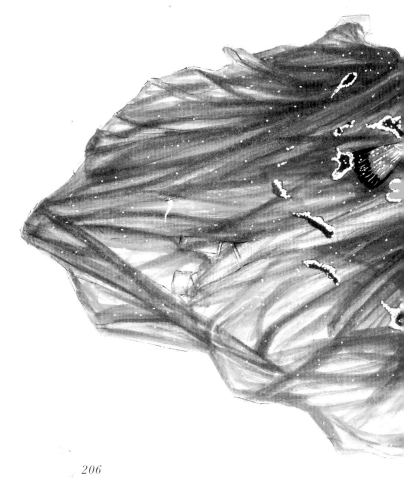

Do Manh Cuong "缪斯" 礼服

Oscar de la Renta 2017 年秋季时装

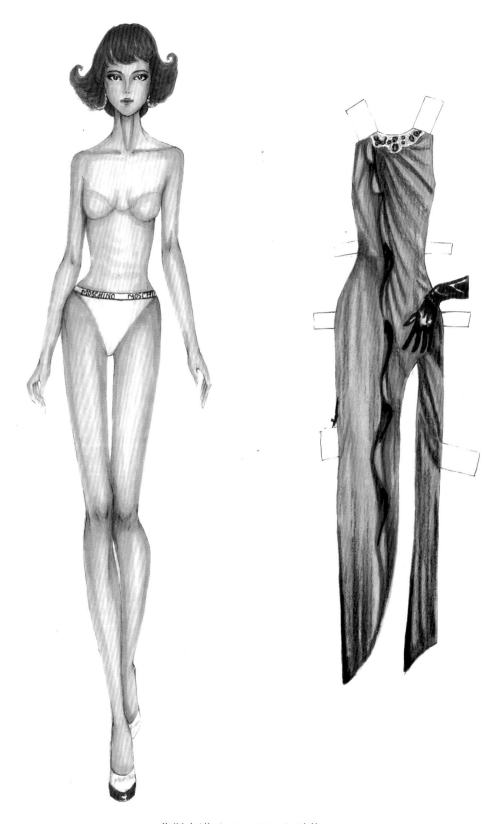

莫斯奇诺（*Moschino*）时装

莫斯奇诺（*Moschino*）时装

个人作品

个人作品

个人作品

个人作品

个人作品

个人作品

个人作品

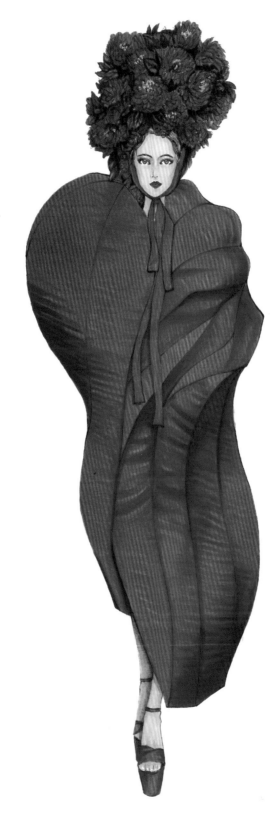

个人作品

个人作品

个人作品